Hard Sudoku Travel Games And Solutions

8 x 5 Inch Pocket Size Book
150 Sudoku Puzzles

Book 1

All New Puzzles

1	6			7			3	8
		9	8	3			6	
		4			8			
		3			9	1		
6							5	7
7					2	5		1
			3	1			8	6

Puzzle Page 1

2								
9							4	1
6	1	5				2	8	
		4	5	1				
				7			6	
	7				2		9	
						9	3	4
8				3	1	5		
	2							

Puzzle (Page 1):

			4					1
			3		5		9	
9		2					5	
		4					8	
5							7	
		8	5	6	7			9
	7		8			4		
	3		2					7
	8				1			

Puzzle Page 2

1			4		9			3
	7	3						
							4	
	3							
	1	2	4				9	
	5			2		7		
		9			6		8	5
2		5					3	
			8					7

					4			
8			3			6		5
6	4				1	8	3	
	1					7		
2				7				
		4			8		5	6
		6					2	9
			5					1
	9	2		1				

Puzzle Page 3

				6		1		
			8					
					2	6	3	7
	7						1	
	5				6	7		9
8		6		2	1			
	3	4			7			8
				5	8	9		1

8								
2				3	1	4		5
1				9		3	8	
	4	5						
		3		1		9	7	
				4				6
				7	9			
					3	7		
		1		6				3

Puzzle Page 4

		2					6	
			9	3				2
5			1					
8	1							5
						4		
7			8	2	6	1		
			4		5	7		
	9				7	3		
	4							8

8			7		4			6
				9				2
		4			5		7	
							9	
				2	3			
		6					5	8
	7		9					
3			4					
5		8		3	7	9		

Puzzle Page 5

	5	1		3	4		6	
2		7		6	9			
		3						
							1	
		4	6			2		
7						3	5	
5					3			
		2		7		9		4
			8	9	2			

Puzzle Page 6

First puzzle:

	7			1			5	9
			5					6
			4					
	9				4	5		
		5			1	8		
	1						9	3
3		6						
	5	2				3		4
			7	8		2		

Puzzle Page 6

Second puzzle:

8			7		3	9		
	2							
				9			8	5
2	7		4					1
9			3			5		
		6		1				4
	6		8					9
							2	
	3		1		7			

5					3			
				1		2	9	
	9	7						
1					2		3	
	6		7				4	
8		3			1	6	5	2
4	5							6
					9		8	
		6						3

Puzzle Page 7

	9		6			4		
	2						5	8
				3	7			6
			1					
		9				8		2
8		2					3	
	5							1
4	6							
					1	9		7

		7	3				5	
8						4		
							1	6
	3			2	5	7		
				8		2		
					6			
9	1				8			
6				5				3
			1		7		4	

Puzzle Page 8

6		5	7	4			1	3
					5			
		7				5		4
	3					4		
		2			7		9	
1			4			2	3	
5			9	7	8			
2	6	9				8		

	4			6			3	
					8			
3	6		2					9
	8			4		2	7	
	1					8		
2		3		7				
						1		
	9		1				2	5
		4		2				

Puzzle Page 9

5				6		9		
			8		9		2	
	2	8						
			1			6		7
2								
6	8	3						
				4			8	2
					5			6
7	3	9					4	

Puzzle 1 (top):

						9		
		9	3	1				4
		6					7	
		7				6	3	
			7				1	
	6		2		9			
					2		8	
1	8	3	4					7
	2							5

Puzzle Page 10

Puzzle 2 (bottom):

9			7	3			8	
	3	7						4
6			5			2		
2								
	1	6	3			7	4	
	7					1		6
		2	8		1			
			2				5	1
				6				

						7		4
		3			5			
			1	9			3	
				3				6
		4	7					
		5			8			9
2			9					
		8			6	5		
	1					4	8	

Puzzle Page 11

6	9							
							5	3
5			8				2	4
	2	7			5		3	
					4		7	
			6					9
								5
				9	7	1		2
9		5	4					

5	3							
			8	4				
7		2	9					
			2					
	5	4		7			6	
		7			9			8
4	2	3						7
	6			5		2		9
						1		

Puzzle Page 12

1			7					3
2				9	3			
		9				7		
		1	6		2			7
6					4		8	
3	2						9	
							4	8
4	8	3	1					
	6				5			

	3							9
	5	9					4	
6					7		1	
					3			
3	6		8		9			
2					5		3	4
5			4		1		2	
								8
9			6					5

Puzzle Page 13

3								
7				9		8		
9			4		6			
						4		1
		1					5	
	9			5		2	6	
					9	7		4
			1		4			
2		4		6	8			3

3		5		6	9			
			2			1		5
4				3				2
				4		7		
2							1	3
	9		8				5	
7				9		6		
	5							
							4	9

Puzzle Page 14

	3							
6		4	1	5	8			
			2			5		
			5	9			8	7
7		8	6			4		
		2						
		3					5	1
		5	4		3	6		
						7		

		1						3
	9		1					5
		3	7	9			2	
5	2	9					3	
	7				3			8
1	8				7			
2		6						9
			6	8			5	

Puzzle Page 15

2			8		7			
	9			2				
		8			9		7	
		6	5					
				3			9	8
						6	1	2
8	4							
		3	6	9			8	4
	1			5				3

		1	8					7
	8			7	4		1	
					6			
3						9	4	
	9			4	7	6	2	5
4		6						1
		4		9	5	2		
						5		
				6			9	

Puzzle Page 16

						8	6	
1	5				6			
		7	9					2
				3	8		4	
	2	8				5		1
	9							3
				5		6		8
	7	1						
9				2				

		8		2		5	6	
4			5			2		
3								
9								
		1		7				
		2			8			4
		9		6	1		5	
	3		9				7	1
			2					8

Puzzle Page 17

9						8		5
				7				2
4					2	3		
8	4	1			6			
		6	2					
		3			1	5		
					9		7	
	6		1			2		
1				2		4	5	

			6	8	9		4	
7								
					3			1
				6				
	5				8			
8	3						5	7
9		8		7		5		
1	4	2						
			8	4	2			

Puzzle Page 18

	8				6			
			7				8	
	5	2	3					
		1						8
			5	1		3		
			4	2				6
		8				1		5
7				5		6	2	
2	4							

	7						3	6
6			5	1	9			
9								
5		8	6					3
			1					
	2						7	
			3		7	5	4	1
7		4					2	

Puzzle Page 19

		8	4					
5	3				9			
		9		5		1		
				3				8
	2		6				5	
	8					2	1	
	6	3			7	9		2
	9			4				
								3

8						7	6	
	5	9	8					
					7			2
	7	8			9			
		3						
						5		4
	3			9				7
					5	1	2	
4			2		3			

Puzzle Page 20

					3	5		7
			5				3	
	6		9					
			3		9	8		
4			6		8			
	2					1		
		9				7		8
			6		7			9
		5					4	1

		8			5		4	9
	7			4			8	
			2					
								6
2				9	6	3		
	3		5			1		
					8		5	
9	4			3		7		

Puzzle Page 21

	2	1						
		5	3		4	8		
		3		7	9			5
							7	
			4	3				1
4		9			5			
	9	6				1		7
		2	9					
	5							9

3			9	7				6
2						4	5	
			4		3			8
			9					2
	1					5	7	
			6		9	3		
		3				2	8	
7				5			9	

Puzzle Page 22

	7			1		8	2	
			8	7	6	4		3
			3			1		
	8						3	1
	5	7						
3				5	4			
		1		9				6
7	2							
		4						

Puzzle (top):

		7			6			
3	8					1		
5			7	4				
		5						3
							9	7
	7	2						
	5	8			9	4		
7					5			9
9				6	3			1

Puzzle Page 23

Puzzle (bottom):

	2		4					5
				6	9	7		
		8						
		5	8			3		
	9	1				4		2
							9	
9			1		7			
6	3				4			
			9	2				

		6						
		1		3			2	7
7							1	3
					5			
	4				8			
	7							9
		5		9		3		
6		3		7				4
			5	6		9		2

Puzzle Page 24

8						6		
	1	5					7	
	2			3		1	4	
2			1					
1				5	7	3		
	7			6		8		2
		1	9					
6				2			8	
	4							

			8					
	3			2		5		
	8		3			2		
9				4				6
3					6			9
	1	8	9	3		4		
				8				
1	2		6					8
		4				9		7

Puzzle Page 25

				7	3	1		
	7				8	2		
					2			6
		9				7		
3	2	7		5				1
		5		4		3		
					4	6	9	
8								
2				3			8	

	4		3				1	
	5							7
		1		5	6	9		
				9			2	3
		8						
3			8					5
		6	9				7	
			6	7		2		
4	8						9	

Puzzle Page 26

	7	8	1			4	3	
					5	7		
					3			
9							8	7
					6	3		
		2		9				1
	1		4				6	
3	9	5						
6				1				

3	7						2	
	4	1		8			5	
2				6	8			9
4		7	9					5
9					4	8	7	
		9	8					
			2	5		1		
		3		4				6

Puzzle Page 27

			7		4			8
	8						9	
		4	1					
5		1				6		7
7			4					2
	6	8						
4								
			8		6	3		
		9	3			5		

					3	2		
			2					9
4			7	6				
		7	8	3	5			
		1						
		3					8	2
	3			7		5		
					8	7		
		5	6		9			

			8			2	4	
				6				8
8			2	1				
		8	1		2			
1						3	2	6
	9				6			
		7				6		9
		2	3		9			4
	4						7	

			8	4				
7	8							
				9		1	6	
		1	7				3	
					3	2		
		4	2	8				
3						7		
		9		7		6		1
	5		4					

Puzzle Page 29

3							8	
			9		1		3	5
	5	2		7		4	9	
2	8		3	9	7			
		9	2				7	
7								4
						1		8
	2		6			9		

		2			8		1	
			6					
				7	9	6		4
	7					5	3	1
5			4					
				1				8
8	1				5	9		
		6	9	2				
		5					4	

Puzzle Page 30

						4		
	9		3		6			
				2		8	6	
		4	8			7	5	
		8	1					3
5				3				
		1		9				
			4		1	2	7	
				8		3		

		3	8		5		6	
				4	2			
			1			8		
5	3							
				1				
9						2	5	7
		4	6				1	
7	8	6						2
			3					

Puzzle Page 31

							8	5
5			8	4				
		1	7					
6					2			
	7		3	9				8
3	2						5	
	9							6
7	3		4		6			9
8							2	3

	2	7			3			
		4	9					6
5	6			7			4	
7	9					4		
	1		2				6	
								7
2			8					
	4			6			1	
					9		3	8

Puzzle Page 32

		4			5			
				9				
5						9	4	2
						2	3	9
				4	8		7	
			1					6
9		8			1		6	
			4					
1				5	3	7		

	9				1	7		
7			3			8		4
4		3						1
					8	5		6
		5						7
			1		9	2		
		2			7		4	
3								
		4		2		3		5

Puzzle Page 33

		3		2				
8				7	6		4	
		7			9			1
5	3				1			7
						3	1	
	7			9				6
	2		5				6	
				4		8		5
			9					3

				5		7		6
	9							
	1	5			6		4	
	5	9			4		3	
7							1	9
		3	8			2	5	
	4						8	
		6		4	3	9		1

Puzzle Page 34

	4	3				5		
7			8			6		
				3			4	
8								
		5				7		6
		1	9		7			
3		7						
2						8		1
		8			5		2	4

				7			5	
7							1	2
4					1			
	5				2	4	9	7
		8			5			3
		9		6	4	1		
8		3						
				4				8
				2		9		

Puzzle Page 35

3	2			9	4	1		
	1					3		2
		4				9	1	
						5		6
2	3	1			5		4	
6		2	4			8		
	9		7		8			
				1			3	

	5					9		
	4			8				
	6		5				8	
6					4	2		8
		5	3		1			
			2	6		8		4
3						7		9
	7			1				2

Puzzle Page 36

				3			2	
	8		7		2			5
						7		9
		3					1	
1			4	8				
			9	5				3
4			3					7
5						1		8
				1		6		

4						7		
		1	6	5	8			
		5				8		
1		2					7	
			8			6		3
			5			4		
		9		2				
			7	3		5		6
			4		6			

Puzzle Page 37

	5	9				3		
7							9	
	4	1				8		
	7		2					
			1		6		8	
					7	9	1	
				4	9	7		
6								
			6		5		4	2

			3			4		6
	6							
		2	1			3		8
2								5
		1						
	7			9	6	2		
	9					6	7	
	2	4						
		8		5				

Puzzle Page 38

9	7			5	3	8		
				6		2		
		4						7
				7		3		
4			6	2				9
							7	
	1				6	5		
	4	8	3					
			2					1

	1		2		3			
	2	8						
		7			9		3	
		5	9			3	8	6
6					4			7
	9			4	1		7	2
1	7				5			
		4				9		

Puzzle Page 39

			5	2		8		
		8			1		9	
	5				9			3
6								
		9	7	8			5	1
	8	4				9		
			3				7	4
	9		2	5				
		6						

					3			4
					8			
8	6					1		7
			8	2		5		
7	9							
		6		5				
9				3	6			1
	7			4		2		
			9				3	

Puzzle Page 40

	6	7	2					
	2	3		4	5			
				8			1	
						1	5	
			5		7		4	9
		2	9					6
		5	3					
4	9		8				7	
							6	

8	7				4	5		6
								9
	5					3		
		7		2				
5			6		3		1	
	9			8				4
	3	4					9	8
1						4		
2		9	8					

Puzzle Page 41

		2	6	8	5			
		9			7			
3		4	2					
		8						1
7					4		8	
						2		
				3	9			
		5	4	6			7	
	8	1	5				3	

Puzzle (top)

		1						
		2		6	4			
			8	9	7		3	
3						7		
6					9	8		
		8		1				9
				8			7	
	5					4		
		9		7		2	1	6

Puzzle Page 42

							3	
5					6		4	
		4				2		5
2	6							9
9		7	1					3
							1	
			8			7		
		2		1				8
6			9	7			5	

				8		6	1	
		1	4	9	2			
		8	3	6		2		7
8					9			
4		7	5					6
2						5		
			2					
	3	9			8			
						7		1

Puzzle Page 43

5				8	4			
	1							9
		3		7			2	
	2		6		3			
	7	6		9				5
4	3				6			
7			1			8		
6						7		

		5			3			2
7			9		6	1		
	8		7			4		
		6					7	
4	1							6
				4		9		
	4				2			
1								
	9	2	5					

Puzzle Page 44

				6			3	7
8		5						1
			2	9				
3					4			
			5	8				
	5	9						
	6	3	9					4
	2			3		5		
5			4			7		

8			2	5				
			3			8		
6	9				4			
		7			9			3
	2	4	8			1		
2						5	9	
	3		4	6	1			
		8						4

Puzzle Page 45

					9			
			4					3
	5	3					6	1
3	6						9	
			8				5	6
2					7			
		6	2		3	5		
		9			4			
		8					2	

	5						4	
					4		3	
7				9	2	5		
		5	6			8	9	
							6	
8								4
2			8	1				
3		7				1		
					7			3

Puzzle Page 46

			2			9	8	
				1				
	4		9		7	1		
2					5	3		
9	5	4						
				7		2		
					9		3	
		1		2		8		
		6	5					4

							9	
	8	9	2	1	3			
2		7					1	
4				7		3		
	1				9			6
	3	8	5					
					7		4	
			6					5
		5	8		1		3	

Puzzle Page 47

4				8			2	
		7				3		
	5			6		1		8
			5	3				
				4	9		1	
	3						9	
				5	4			
1			9			8		
	4	5	7				6	

	1							9
		4	3					1
		5			8			2
	9	1	8	5			3	
	2							
5								
			9		4	2		
	6	8						
							4	6

Puzzle Page 48

		4					9	
	5			8	9	1		
1								5
9				2			3	4
								9
3				4	8	7		
8	2	7					6	
								1
6					4		2	8

		7			9		5	
	3				5	9		4
								3
	6	8	2					7
			5		1			
1			7			3	6	
			8					
		2					9	6
5		3					8	

Puzzle Page 49

6			3			7		8
			2		7		6	
	2			1				
	4					8		
		5					9	
	7		6					5
		1			3			
4	6		1	9				
	3			4				

	4	8			7			9
7		2						5
	5			9				
			8			9		7
		7	1			2		
	6	3						
6				1	2		4	
			3		4		5	2

Puzzle Page 50

	5		7	9				
		4	5		6		2	
	8							
6								
9	3				7		8	
			6			7		
				6	9			
		5				9	4	
7					2			3

5			2		3			
			8	5				
						6		4
4	6		7			1		
							2	
			9			3	4	
					6			7
7	2			8				
	1						9	

Puzzle Page 51

			9	4		6		
	2			1				
			2				3	
2	1							
		8	6				4	
6	9							5
	8						2	4
	3				8		5	1
1			7			9		

				2		7		
3			4	8		5	6	
		2					4	
5								1
		4			9			
			7		5			
	1		2					3
		3			7		8	
	9		1			2		

Puzzle Page 52

		5			9	8		
		7	5	6			2	
	1							7
			2					
	8	6					5	
		9	3				7	4
1			9		3			
6				7			4	5
					4			

						8	9	
		5		6				
	6				4			7
5								
	1		6	2	7		4	
3			5			7		
	4		2			9	1	
			4		9			
					1			

Puzzle Page 53

				7	6	4		
				9				
			8		4	3		
		8	4					
		4	2				9	
5	1	3						6
		6	1					
7		5						
				2	5			7

				8		9		6
2		7				4		
5								2
	6	3	1	9	5		4	
		5			4		1	8
				6				
7	2					5		
			9	5				
					8			

Puzzle Page 54

			4		6			
			8	5				2
			7				8	6
	2				1	6		
		3				4		8
5				6				
4			7					
	1		9	3	8			
	5	9					1	

3		5				1		
		4	3			9		
7			6	8				5
	4	6						
		2			4		1	
	1		8	6			2	4
			7	1		8		
					5			
	3							

Puzzle Page 55

	4				7			
					1		8	6
		3				4		9
	3				5			
4			1	8				
5				4		7	9	
	9		3			5	2	
2		8				9		7
			2				1	

		3				9		
		1					2	
6			9				7	
		8	5	4		2		
	6	5					1	
9			3				8	
		4			1			
7						8	9	
			7					5

Puzzle Page 56

		3	7	9			2	
				6		3		5
2								
	2	8			9		1	
		9		8				
								4
	8	2	6					
	4				8	6		
1	6					5		

8				3				
	2		4				6	
1		9			6			
			1	5				
3		7					8	
	6		3			9		4
	1					8	2	6
				8		4		
			2		3			7

Puzzle Page 57

3	1		4		
	8			4				1
							6	
	3	6						
4	9				8			5
			6	2	1			
	2	5					8	
		1	6	8	9			

								8
7	5		3	8				
	6		7					
	8				9		1	
						9	5	
	1	5		3	6			
	4					6	7	
		9	4	5				2
								5

Puzzle Page 58

				2	9			
		5				4	3	
	8	7	4					
	4							5
				6			7	4
	1					2		
		1	7	5		6	4	
				3	2	8		
					6			1

8	2					4	5	1
	9					6		
					4	7		
1	6						3	
			7		8			
				5	1			
	3			2			4	
			8					
6	5			3				

Puzzle Page 59

3			6	1		2		
	7		9					6
							8	1
	8	5						
						9	6	
			8		3	5		
	2	3	5	4		1		
9				2				
4				7				

						4		
			3	2			7	5
				5	6			
		9			7			8
3							1	7
2						3	9	
		7	9					4
	1				8			
	2		7			9	6	

Puzzle Page 60

		8						
						6	7	
4	1				2			
	9		5					6
		2	9	8				
5	6			7	1			9
							9	1
	8		3	6			5	4
	5			9				

6	8						9	4
					5			7
	2			3				6
		1				2		8
		2	4					
9			7	8			4	
4								5
	1				3			
		8			7			

Puzzle Page 61

		3		6			1	
			2		3	4		
	1							
		4			2	9		
3				7		1		
				5	6		2	
8				3			5	
7	4				1	3		
		2			7			

				5	4			7
	2	1						
						3	2	
	7			6	1			
3	1							5
		4	5				7	8
		6			5	7	3	
8		9			2			6
			6					

Puzzle Page 62

8		9	4	5	1			
		4					5	
6				8	3			
1					5		6	9
	9					4	7	
4				3				5
		2			6		4	
					9			
				1			8	7

					2			4
		6		3		9		
					7	5		2
2					6	8		
				1			2	5
3				5				
	8			7	3			
1				9			6	8
	9						7	

		4			3			
8			6					
6			8				2	7
	3	7	5		6	1		
	6	2		4				8
						9	3	
			7	9			4	
1							7	6

	4	5						9
6				1				
		9	8		2			
	1			3		5		
	8	4	5	9		3		
			1					
			4			1	5	
	2			8		7		
4				2				3

Puzzle Page 64

	5	2				9		
						3		
				9	8	7		5
7					6			8
1	6			5				
						5		3
		8			9		1	
	2	7	4					

6							3	2
3			9				4	
8					6	5		
								3
			8	7		4	1	
	9		4			8		
			3			7	6	
					1		2	
1			5					

Puzzle Page 65

7		8				6		
		3		4			8	
				9		2		
						1		
	4		5	3	2			
		6						9
			4	5				
8	5							
	6	4				9	3	

8	3						5	
		9						7
						4	6	
								1
	5			6				
		4		8	9		3	5
	2		6	3		1	9	
6	7			2				

Puzzle Page 66

|
		6		2				3
	2	4			9			
5					3			7
8						7		
			2	9		4		
9		3	5					
			9	6				
	6	7		3			9	
2					8			1

						8		
	3			5		4		
	6	1						
1	7		4			2		
9			2		6			
								4
	8				2	3	6	
7					1			5
				3				

Puzzle Page 67

				2	6			
		5	7		3		6	2
			4			8		
		4	3	1				
	1		6	8				
2						5		
						7		9
		3	2					
	4			7			1	

8				2				1
						4		2
				5				3
		3			7		1	
	2				9		3	
					4		8	5
2	4		9					
1			3					
9					8			

Puzzle Page 68

4					2	6		8
					9			
2	9		6		8			
	7					9	1	
8		9				2		
					7		3	
	8		7		3			6
		1	2			5		
	4	5				7		

3				2	6	8		
		6	5					7
1			3					
				8				
4			7			3		
	7	3			5	1		
	4				2		6	
		1						
	3			7			2	

			1					4
		4	3	7				
7				9	2	5		
	5	8			7	2	1	
6				8				
3					1			
					9			
		1		5		9		6
		3	8				4	

	2			9			4	1
6		8						
	5	4		7				
			6				8	
8		3		1	9		6	
			8		2			
					7	3	2	4
						8		7
			3		1			

Puzzle Page 70

				6				9
		5	7		4	2		
3			9		5	6		
8								7
	5			7				
			3	1			4	
5	1	8					6	
		9		5				2
							8	1

		7		3	6	9	1	
		4				3		7
	1		8					
								8
				7	5			9
	4			2		5		
2			3	8			5	
4							7	
	5					1		

			4		2		8	5
4								9
				6				3
	7						2	
		6	9		1			
3						7		
				1		8	3	
	5	1	8		4			7
					6			

			5	8				9
						7		
	1	6		9				
	3							5
		4			8		7	
5		9				3		4
2					4	5		
			6	2			9	
7						2		1

Puzzle Page 72

					3	8	6	
			5	1				
						3		7
			7	1	9	2		
		3		5				
4			3		2			
		4			7			
		8	1			7		
5	6						4	

			3					
2	9	1	5					
		8					9	7
8		5		4				
			6		9			
	4	9					5	
							3	5
	6						8	9
	3				4	6		

Puzzle Page 73

		5		4				
			8			4	6	9
6		9						
			2	3			1	
	1	8		7				
					1	5	4	
8				2		3		4
3						9		
		2				6		

				7	9			2
			5				4	
		8	3		6			
5	4				7		6	
						2		1
3								
1				8		6		9
					1		3	
7		3	2					4

Puzzle Page 74

6	9				8		7	
						4	2	
8					3			1
		9	8		7	6		
					6			
			4					
4								
	5		1					7
	2		5				1	

								2
					5		1	3
		7				5	8	
							3	
			5		1			
1	2				8		6	7
	9							
7		1	8				5	
3		8	4	7	9			

Puzzle Page 75

	6		3		5	7		1
				9			3	
			8					
6			5					2
7		2				9	8	
	5							
	4						1	
		9		8		2		
		1	9	4		6		

Page Number 1

1	6	5	9	7	4	2	3	8
4	2	9	8	3	1	7	6	5
3	8	7	5	2	6	4	1	9
2	7	4	1	5	8	6	9	3
8	5	3	7	6	9	1	2	4
6	9	1	2	4	3	8	5	7
9	1	6	4	8	5	3	7	2
7	3	8	6	9	2	5	4	1
5	4	2	3	1	7	9	8	6

2	4	8	1	6	7	3	5	9
9	3	7	2	8	5	6	4	1
6	1	5	3	9	4	2	8	7
3	9	4	5	1	6	7	2	8
1	8	2	9	7	3	4	6	5
5	7	6	8	4	2	1	9	3
7	5	1	6	2	8	9	3	4
8	6	9	4	3	1	5	7	2
4	2	3	7	5	9	8	1	6

Page Number 2

6	5	3	4	8	9	7	2	1
8	1	7	3	2	5	6	9	4
9	4	2	7	1	6	3	5	8
7	9	4	1	3	2	5	8	6
5	6	1	9	4	8	2	7	3
3	2	8	5	6	7	1	4	9
2	7	6	8	9	3	4	1	5
1	3	9	2	5	4	8	6	7
4	8	5	6	7	1	9	3	2

1	2	4	5	9	8	6	7	3
8	7	3	1	6	4	2	5	9
5	9	6	3	7	2	8	4	1
4	3	7	9	8	1	5	6	2
6	1	2	4	5	7	3	9	8
9	5	8	6	2	3	7	1	4
7	4	9	2	3	6	1	8	5
2	8	5	7	1	9	4	3	6
3	6	1	8	4	5	9	2	7

Page Number 3

7	3	5	8	6	4	9	1	2
8	2	1	3	9	7	6	4	5
6	4	9	2	5	1	8	3	7
5	1	8	6	4	2	7	9	3
2	6	3	9	7	5	1	8	4
9	7	4	1	3	8	2	5	6
1	5	6	7	8	3	4	2	9
4	8	7	5	2	9	3	6	1
3	9	2	4	1	6	5	7	8

7	2	9	5	6	3	1	8	4
6	1	3	8	7	4	2	9	5
5	4	8	1	9	2	6	3	7
4	7	2	9	3	5	8	1	6
3	5	1	4	8	6	7	2	9
8	9	6	7	2	1	4	5	3
9	3	4	2	1	7	5	6	8
1	8	5	6	4	9	3	7	2
2	6	7	3	5	8	9	4	1

Page Number 4

8	3	6	7	5	4	2	1	9
2	9	7	8	3	1	4	6	5
1	5	4	6	9	2	3	8	7
7	4	5	9	2	6	1	3	8
6	2	3	5	1	8	9	7	4
9	1	8	3	4	7	5	2	6
3	8	2	4	7	9	6	5	1
5	6	9	1	8	3	7	4	2
4	7	1	2	6	5	8	9	3

3	8	2	5	7	4	9	6	1
4	6	1	9	3	8	5	7	2
5	7	9	1	6	2	8	4	3
8	1	3	7	4	9	6	2	5
9	2	6	3	5	1	4	8	7
7	5	4	8	2	6	1	3	9
2	3	8	4	1	5	7	9	6
6	9	5	2	8	7	3	1	4
1	4	7	6	9	3	2	5	8

Page Number 5

8	9	2	7	1	4	5	3	6
6	5	7	3	9	8	1	4	2
1	3	4	2	6	5	8	7	9
7	8	3	5	4	6	2	9	1
9	1	5	8	2	3	4	6	7
2	4	6	1	7	9	3	5	8
4	7	1	9	5	2	6	8	3
3	6	9	4	8	1	7	2	5
5	2	8	6	3	7	9	1	4

9	5	1	7	3	4	8	6	2
2	8	7	1	6	9	5	4	3
4	6	3	2	8	5	7	9	1
6	9	5	3	2	8	4	1	7
1	3	4	6	5	7	2	8	9
7	2	8	9	4	1	3	5	6
5	7	9	4	1	3	6	2	8
8	1	2	5	7	6	9	3	4
3	4	6	8	9	2	1	7	5

Page Number 6

2	7	8	3	1	6	4	5	9
1	3	4	5	9	8	7	2	6
5	6	9	4	2	7	1	3	8
8	9	3	6	7	4	5	1	2
6	2	5	9	3	1	8	4	7
4	1	7	8	5	2	6	9	3
3	8	6	2	4	5	9	7	1
7	5	2	1	6	9	3	8	4
9	4	1	7	8	3	2	6	5

8	5	4	7	6	3	9	1	2
6	2	9	5	8	1	7	4	3
3	1	7	2	4	9	6	8	5
2	7	3	4	5	6	8	9	1
9	4	1	3	7	8	2	5	6
5	8	6	9	1	2	3	7	4
7	6	5	8	2	4	1	3	9
1	9	8	6	3	5	4	2	7
4	3	2	1	9	7	5	6	8

Page Number 7

5	1	8	2	9	3	4	6	7
6	3	4	5	1	7	2	9	8
2	9	7	4	8	6	3	1	5
1	4	5	8	6	2	7	3	9
9	6	2	7	3	5	8	4	1
8	7	3	9	4	1	6	5	2
4	5	9	3	2	8	1	7	6
3	2	1	6	7	9	5	8	4
7	8	6	1	5	4	9	2	3

7	9	8	6	2	5	4	1	3
3	2	6	4	1	9	7	5	8
1	4	5	8	3	7	2	9	6
6	3	4	1	8	2	5	7	9
5	1	9	3	7	4	8	6	2
8	7	2	9	5	6	1	3	4
9	5	7	2	4	3	6	8	1
4	6	1	7	9	8	3	2	5
2	8	3	5	6	1	9	4	7

Page Number 8

1	6	7	3	4	9	8	5	2
8	2	3	5	6	1	4	7	9
5	4	9	8	7	2	3	1	6
4	3	6	9	2	5	7	8	1
7	9	1	4	8	3	2	6	5
2	8	5	7	1	6	9	3	4
9	1	4	6	3	8	5	2	7
6	7	8	2	5	4	1	9	3
3	5	2	1	9	7	6	4	8

6	8	5	7	4	2	9	1	3
3	4	1	6	9	5	7	2	8
9	2	7	8	1	3	5	6	4
7	3	6	1	2	9	4	8	5
4	5	2	3	8	7	1	9	6
1	9	8	4	5	6	2	3	7
5	1	3	9	7	8	6	4	2
2	6	9	5	3	4	8	7	1
8	7	4	2	6	1	3	5	9

Page Number 9

8	4	1	7	6	9	5	3	2
7	2	9	3	5	8	6	1	4
3	6	5	2	1	4	7	8	9
9	8	6	5	4	3	2	7	1
4	1	7	6	9	2	8	5	3
2	5	3	8	7	1	9	4	6
5	3	2	4	8	6	1	9	7
6	9	8	1	3	7	4	2	5
1	7	4	9	2	5	3	6	8

5	1	4	3	6	2	9	7	8
3	6	7	8	5	9	4	2	1
9	2	8	4	7	1	5	6	3
4	9	5	1	2	8	6	3	7
2	7	1	6	3	4	8	5	9
6	8	3	5	9	7	2	1	4
1	5	6	9	4	3	7	8	2
8	4	2	7	1	5	3	9	6
7	3	9	2	8	6	1	4	5

Page Number 10

3	1	8	5	4	7	9	2	6
2	7	9	3	1	6	8	5	4
4	5	6	9	2	8	3	7	1
9	4	7	8	5	1	6	3	2
8	3	2	7	6	4	5	1	9
5	6	1	2	3	9	7	4	8
6	9	5	1	7	2	4	8	3
1	8	3	4	9	5	2	6	7
7	2	4	6	8	3	1	9	5

9	2	1	7	3	4	6	8	5
5	3	7	6	8	2	9	1	4
6	8	4	5	1	9	2	7	3
2	4	9	1	7	6	5	3	8
8	1	6	3	2	5	7	4	9
3	7	5	9	4	8	1	2	6
4	9	2	8	5	1	3	6	7
7	6	8	2	9	3	4	5	1
1	5	3	4	6	7	8	9	2

Page Number 11

5	9	1	8	6	3	7	2	4
8	2	3	4	7	5	9	6	1
4	7	6	1	9	2	8	3	5
7	8	2	5	3	9	1	4	6
9	6	4	7	2	1	3	5	8
1	3	5	6	4	8	2	7	9
2	5	7	9	8	4	6	1	3
3	4	8	2	1	6	5	9	7
6	1	9	3	5	7	4	8	2

6	9	4	3	5	2	7	8	1
2	8	1	7	4	9	6	5	3
5	7	3	8	6	1	9	2	4
1	2	7	9	8	5	4	3	6
3	6	9	2	1	4	5	7	8
4	5	8	6	7	3	2	1	9
7	4	2	1	3	6	8	9	5
8	3	6	5	9	7	1	4	2
9	1	5	4	2	8	3	6	7

Page Number 12

5	3	8	1	2	7	6	9	4
1	9	6	8	4	5	3	7	2
7	4	2	9	3	6	8	1	5
6	8	9	2	1	4	7	5	3
2	5	4	3	7	8	9	6	1
3	1	7	5	6	9	4	2	8
4	2	3	6	9	1	5	8	7
8	6	1	7	5	3	2	4	9
9	7	5	4	8	2	1	3	6

1	4	8	7	5	6	9	2	3
2	7	6	4	9	3	8	1	5
5	3	9	2	8	1	7	6	4
8	9	1	6	3	2	4	5	7
6	5	7	9	1	4	3	8	2
3	2	4	5	7	8	6	9	1
9	1	5	3	6	7	2	4	8
4	8	3	1	2	9	5	7	6
7	6	2	8	4	5	1	3	9

Page Number 13

7	3	2	5	1	4	6	8	9
1	5	9	2	8	6	3	4	7
6	4	8	3	9	7	5	1	2
8	1	5	7	4	3	2	9	6
3	6	4	8	2	9	7	5	1
2	9	7	1	6	5	8	3	4
5	8	6	4	7	1	9	2	3
4	7	3	9	5	2	1	6	8
9	2	1	6	3	8	4	7	5

3	4	2	8	1	5	6	7	9
7	1	6	2	9	3	8	4	5
9	8	5	4	7	6	1	3	2
5	3	7	6	8	2	4	9	1
6	2	1	9	4	7	3	5	8
4	9	8	3	5	1	2	6	7
1	6	3	5	2	9	7	8	4
8	7	9	1	3	4	5	2	6
2	5	4	7	6	8	9	1	3

Page Number 14

3	2	5	1	6	9	4	7	8
8	6	9	2	7	4	1	3	5
4	7	1	5	3	8	9	6	2
5	1	8	3	4	2	7	9	6
2	4	7	9	5	6	8	1	3
6	9	3	8	1	7	2	5	4
7	3	2	4	9	5	6	8	1
9	5	4	6	8	1	3	2	7
1	8	6	7	2	3	5	4	9

5	3	9	7	4	6	8	1	2
6	2	4	1	5	8	3	7	9
8	1	7	2	3	9	5	4	6
3	6	1	5	9	4	2	8	7
7	5	8	6	2	1	4	9	3
9	4	2	3	8	7	1	6	5
4	7	3	8	6	2	9	5	1
1	9	5	4	7	3	6	2	8
2	8	6	9	1	5	7	3	4

Page Number 15

7	6	1	5	4	2	8	9	3
4	9	2	1	3	8	6	7	5
8	5	3	7	9	6	1	2	4
3	1	8	4	7	9	5	6	2
5	2	9	8	6	1	4	3	7
6	7	4	2	5	3	9	1	8
1	8	5	9	2	7	3	4	6
2	4	6	3	1	5	7	8	9
9	3	7	6	8	4	2	5	1

2	3	1	8	6	7	4	5	9
4	9	7	1	2	5	8	3	6
5	6	8	3	4	9	2	7	1
9	2	6	5	8	1	3	4	7
1	7	4	2	3	6	5	9	8
3	8	5	9	7	4	6	1	2
8	4	2	7	1	3	9	6	5
7	5	3	6	9	2	1	8	4
6	1	9	4	5	8	7	2	3

Page Number 16

5	2	1	8	3	9	4	6	7
6	8	9	5	7	4	3	1	2
7	4	3	2	1	6	8	5	9
3	7	2	6	5	1	9	4	8
1	9	8	3	4	7	6	2	5
4	5	6	9	8	2	7	3	1
8	6	4	1	9	5	2	7	3
9	1	7	4	2	3	5	8	6
2	3	5	7	6	8	1	9	4

4	3	9	1	7	2	8	6	5
1	5	2	3	8	6	7	9	4
8	6	7	9	4	5	1	3	2
7	1	5	2	3	8	9	4	6
3	2	8	6	9	4	5	7	1
6	9	4	5	1	7	2	8	3
2	4	3	7	5	9	6	1	8
5	7	1	8	6	3	4	2	9
9	8	6	4	2	1	3	5	7

Page Number 17

1	9	8	7	2	4	5	6	3
4	6	7	5	1	3	2	8	9
3	2	5	8	9	6	1	4	7
9	7	3	4	5	2	8	1	6
8	4	1	6	7	9	3	2	5
6	5	2	1	3	8	7	9	4
7	8	9	3	6	1	4	5	2
2	3	4	9	8	5	6	7	1
5	1	6	2	4	7	9	3	8

9	2	7	3	1	4	8	6	5
6	3	8	9	7	5	1	4	2
4	1	5	8	6	2	3	9	7
8	4	1	5	9	6	7	2	3
7	5	6	2	3	8	9	1	4
2	9	3	7	4	1	5	8	6
3	8	2	4	5	9	6	7	1
5	6	4	1	8	7	2	3	9
1	7	9	6	2	3	4	5	8

Page Number 18

2	1	3	6	8	9	7	4	5
7	8	6	4	1	5	2	3	9
5	9	4	7	2	3	8	6	1
4	2	9	5	6	7	1	8	3
6	5	7	1	3	8	4	9	2
8	3	1	2	9	4	6	5	7
9	6	8	3	7	1	5	2	4
1	4	2	9	5	6	3	7	8
3	7	5	8	4	2	9	1	6

1	8	7	2	9	6	5	3	4
3	9	6	7	4	5	2	8	1
4	5	2	3	8	1	7	6	9
9	2	1	6	3	7	4	5	8
8	6	4	5	1	9	3	7	2
5	7	3	4	2	8	9	1	6
6	3	8	9	7	2	1	4	5
7	1	9	8	5	4	6	2	3
2	4	5	1	6	3	8	9	7

Page Number 19

1	7	5	2	4	8	9	3	6
6	4	3	5	1	9	7	8	2
9	8	2	7	3	6	4	1	5
5	1	8	6	7	4	2	9	3
3	9	7	1	8	2	6	5	4
4	2	6	9	5	3	1	7	8
2	3	1	4	9	5	8	6	7
8	6	9	3	2	7	5	4	1
7	5	4	8	6	1	3	2	9

2	1	8	4	7	3	6	9	5
5	3	7	1	6	9	8	2	4
6	4	9	8	5	2	1	3	7
9	5	6	2	3	1	7	4	8
7	2	1	6	8	4	3	5	9
3	8	4	7	9	5	2	1	6
4	6	3	5	1	7	9	8	2
8	9	2	3	4	6	5	7	1
1	7	5	9	2	8	4	6	3

Page Number 20

8	2	1	3	5	4	7	6	9
7	5	9	8	2	6	3	4	1
3	6	4	9	1	7	8	5	2
1	7	8	5	4	9	2	3	6
5	4	3	6	7	2	9	1	8
2	9	6	1	8	3	5	7	4
6	3	5	2	9	1	4	8	7
9	8	7	4	6	5	1	2	3
4	1	2	7	3	8	6	9	5

1	9	4	2	6	3	5	8	7
2	8	7	5	1	4	9	3	6
5	6	3	9	7	8	4	1	2
7	5	1	3	2	9	8	6	4
4	3	6	7	8	1	2	9	5
9	2	8	4	5	6	1	7	3
6	4	9	1	3	5	7	2	8
8	1	2	6	4	7	3	5	9
3	7	5	8	9	2	6	4	1

Page Number 21

1	6	8	3	7	5	2	4	9
3	7	2	6	4	9	5	8	1
4	5	9	2	8	1	6	3	7
5	9	7	4	1	3	8	2	6
2	1	4	8	9	6	3	7	5
8	3	6	5	2	7	1	9	4
7	2	1	9	6	8	4	5	3
9	4	5	1	3	2	7	6	8
6	8	3	7	5	4	9	1	2

9	2	1	5	8	6	7	4	3
6	7	5	3	1	4	8	9	2
8	4	3	2	7	9	6	1	5
2	3	8	6	9	1	5	7	4
5	6	7	4	3	8	9	2	1
4	1	9	7	2	5	3	6	8
3	9	6	8	4	2	1	5	7
1	8	2	9	5	7	4	3	6
7	5	4	1	6	3	2	8	9

Page Number 22

1	6	8	5	2	4	7	3	9
3	4	5	9	7	1	8	2	6
2	7	9	8	3	6	4	5	1
5	2	7	4	1	3	9	6	8
8	3	6	7	9	5	1	4	2
9	1	4	2	6	8	5	7	3
4	5	2	6	8	9	3	1	7
6	9	3	1	4	7	2	8	5
7	8	1	3	5	2	6	9	4

6	7	3	4	1	5	8	2	9
1	9	2	8	7	6	4	5	3
5	4	8	3	2	9	1	6	7
4	8	9	7	6	2	5	3	1
2	5	7	1	3	8	6	9	4
3	1	6	9	5	4	7	8	2
8	3	1	5	9	7	2	4	6
7	2	5	6	4	3	9	1	8
9	6	4	2	8	1	3	7	5

Page Number 23

2	4	7	1	3	6	9	8	5
3	8	6	9	5	2	1	7	4
5	1	9	7	4	8	3	6	2
4	9	5	6	8	7	2	1	3
8	3	1	5	2	4	6	9	7
6	7	2	3	9	1	5	4	8
1	5	8	2	7	9	4	3	6
7	6	3	4	1	5	8	2	9
9	2	4	8	6	3	7	5	1

7	2	9	4	1	8	6	3	5
4	5	3	2	6	9	7	1	8
1	6	8	7	5	3	9	2	4
2	4	5	8	9	1	3	6	7
3	9	1	6	7	5	4	8	2
8	7	6	3	4	2	5	9	1
9	8	4	1	3	7	2	5	6
6	3	2	5	8	4	1	7	9
5	1	7	9	2	6	8	4	3

Page Number 24

2	3	6	1	8	7	4	9	5
9	5	1	6	3	4	8	2	7
7	8	4	2	5	9	6	1	3
1	6	2	9	4	5	7	3	8
3	4	9	7	2	8	5	6	1
5	7	8	3	1	6	2	4	9
8	2	5	4	9	1	3	7	6
6	9	3	8	7	2	1	5	4
4	1	7	5	6	3	9	8	2

8	9	3	7	1	4	6	2	5
4	1	5	6	8	2	9	7	3
7	2	6	5	3	9	1	4	8
2	3	4	1	9	8	7	5	6
1	6	8	2	5	7	3	9	4
5	7	9	4	6	3	8	1	2
3	8	1	9	4	5	2	6	7
6	5	7	3	2	1	4	8	9
9	4	2	8	7	6	5	3	1

Page Number 25

2	5	1	8	6	4	7	9	3
4	3	6	7	2	9	5	8	1
7	8	9	3	5	1	2	6	4
9	7	2	5	4	8	1	3	6
3	4	5	1	7	6	8	2	9
6	1	8	9	3	2	4	7	5
5	9	3	4	8	7	6	1	2
1	2	7	6	9	5	3	4	8
8	6	4	2	1	3	9	5	7

9	4	2	6	7	3	1	5	8
1	7	6	5	9	8	2	3	4
5	3	8	4	1	2	9	7	6
4	8	9	3	2	1	7	6	5
3	2	7	9	5	6	8	4	1
6	1	5	8	4	7	3	2	9
7	5	1	2	8	4	6	9	3
8	9	3	7	6	5	4	1	2
2	6	4	1	3	9	5	8	7

Page Number 26

8	4	9	3	2	7	5	1	6
6	5	2	1	8	9	4	3	7
7	3	1	4	5	6	9	8	2
1	6	5	7	9	4	8	2	3
2	7	8	5	6	3	1	4	9
3	9	4	8	1	2	7	6	5
5	2	6	9	4	1	3	7	8
9	1	3	6	7	8	2	5	4
4	8	7	2	3	5	6	9	1

5	7	8	1	6	2	4	3	9
4	2	3	9	8	5	7	1	6
1	6	9	7	4	3	8	2	5
9	4	6	5	3	1	2	8	7
8	5	1	2	7	6	3	9	4
7	3	2	8	9	4	6	5	1
2	1	7	4	5	8	9	6	3
3	9	5	6	2	7	1	4	8
6	8	4	3	1	9	5	7	2

Page Number 27

5	9	2	6	7	1	3	8	4
3	7	8	4	9	5	6	2	1
6	4	1	3	8	2	9	5	7
2	3	5	7	6	8	4	1	9
4	8	7	9	1	3	2	6	5
9	1	6	5	2	4	8	7	3
1	5	9	8	3	6	7	4	2
7	6	4	2	5	9	1	3	8
8	2	3	1	4	7	5	9	6

9	1	5	7	3	4	2	6	8
3	8	7	6	5	2	4	9	1
6	2	4	1	8	9	7	3	5
5	4	1	9	2	3	6	8	7
7	9	3	4	6	8	1	5	2
2	6	8	5	1	7	9	4	3
4	3	6	2	7	5	8	1	9
1	5	2	8	9	6	3	7	4
8	7	9	3	4	1	5	2	6

Page Number 28

1	7	8	5	9	3	2	6	4
3	5	6	2	8	4	1	7	9
4	9	2	7	6	1	8	3	5
9	2	7	8	3	5	6	4	1
8	4	1	9	2	6	3	5	7
5	6	3	1	4	7	9	8	2
6	3	9	4	7	2	5	1	8
2	1	4	3	5	8	7	9	6
7	8	5	6	1	9	4	2	3

9	3	6	8	5	7	2	4	1
4	2	1	9	6	3	7	5	8
8	7	5	2	1	4	9	6	3
7	6	8	1	3	2	4	9	5
1	5	4	7	9	8	3	2	6
2	9	3	5	4	6	8	1	7
5	8	7	4	2	1	6	3	9
6	1	2	3	7	9	5	8	4
3	4	9	6	8	5	1	7	2

Page Number 29

9	1	6	8	4	2	3	7	5
7	8	5	6	3	1	4	9	2
4	2	3	5	9	7	1	6	8
2	9	1	7	5	4	8	3	6
5	7	8	1	6	3	2	4	9
6	3	4	2	8	9	5	1	7
3	6	2	9	1	8	7	5	4
8	4	9	3	7	5	6	2	1
1	5	7	4	2	6	9	8	3

3	9	1	4	5	6	7	8	2
4	7	8	9	2	1	6	3	5
6	5	2	8	7	3	4	9	1
2	8	4	3	9	7	5	1	6
1	6	9	2	4	5	8	7	3
5	3	7	1	6	8	2	4	9
7	1	6	5	8	9	3	2	4
9	4	5	7	3	2	1	6	8
8	2	3	6	1	4	9	5	7

Page Number 30

6	4	2	3	5	8	7	1	9
1	9	7	6	4	2	8	5	3
3	5	8	1	7	9	6	2	4
4	7	9	2	8	6	5	3	1
5	8	1	4	9	3	2	7	6
2	6	3	5	1	7	4	9	8
8	1	4	7	3	5	9	6	2
7	3	6	9	2	4	1	8	5
9	2	5	8	6	1	3	4	7

6	5	2	9	1	8	4	3	7
8	9	7	3	4	6	1	2	5
4	1	3	5	2	7	8	6	9
1	3	4	8	6	9	7	5	2
9	2	8	1	7	5	6	4	3
5	7	6	2	3	4	9	1	8
2	6	1	7	9	3	5	8	4
3	8	9	4	5	1	2	7	6
7	4	5	6	8	2	3	9	1

Page Number 31

2	1	3	8	9	5	7	6	4
6	5	8	7	4	2	1	9	3
4	7	9	1	3	6	8	2	5
5	3	7	2	6	9	4	8	1
8	4	2	5	1	7	9	3	6
9	6	1	4	8	3	2	5	7
3	2	4	6	7	8	5	1	9
7	8	6	9	5	1	3	4	2
1	9	5	3	2	4	6	7	8

2	4	3	1	6	9	7	8	5
5	6	7	8	4	3	1	9	2
9	8	1	7	2	5	6	3	4
6	1	9	5	8	2	3	4	7
4	7	5	3	9	1	2	6	8
3	2	8	6	7	4	9	5	1
1	9	4	2	3	8	5	7	6
7	3	2	4	5	6	8	1	9
8	5	6	9	1	7	4	2	3

Page Number 32

9	2	7	6	4	3	1	8	5
1	3	4	9	5	8	7	2	6
5	6	8	1	7	2	3	4	9
7	9	2	3	8	6	4	5	1
4	1	5	2	9	7	8	6	3
3	8	6	5	1	4	2	9	7
2	5	9	8	3	1	6	7	4
8	4	3	7	6	5	9	1	2
6	7	1	4	2	9	5	3	8

2	9	4	3	6	5	8	1	7
8	1	7	2	9	4	6	5	3
5	6	3	8	1	7	9	4	2
4	8	1	5	7	6	2	3	9
3	2	6	9	4	8	1	7	5
7	5	9	1	3	2	4	8	6
9	3	8	7	2	1	5	6	4
6	7	5	4	8	9	3	2	1
1	4	2	6	5	3	7	9	8

Page Number 33

5	9	8	6	4	1	7	2	3
7	1	6	3	9	2	8	5	4
4	2	3	7	8	5	9	6	1
2	3	1	4	7	8	5	9	6
9	8	5	2	6	3	4	1	7
6	4	7	1	5	9	2	3	8
8	6	2	5	3	7	1	4	9
3	5	9	8	1	4	6	7	2
1	7	4	9	2	6	3	8	5

6	9	3	1	2	4	7	5	8
8	5	1	3	7	6	9	4	2
2	4	7	8	5	9	6	3	1
5	3	6	4	8	1	2	9	7
9	8	2	7	6	5	3	1	4
1	7	4	2	9	3	5	8	6
4	2	8	5	3	7	1	6	9
3	1	9	6	4	2	8	7	5
7	6	5	9	1	8	4	2	3

Page Number 34

8	3	4	1	5	2	7	9	6
6	9	7	4	3	8	1	2	5
2	1	5	9	7	6	8	4	3
1	5	9	7	2	4	6	3	8
7	2	8	3	6	5	4	1	9
4	6	3	8	1	9	2	5	7
9	7	2	5	8	1	3	6	4
3	4	1	6	9	7	5	8	2
5	8	6	2	4	3	9	7	1

1	4	3	2	6	9	5	8	7
7	9	2	8	5	4	6	1	3
5	8	6	7	3	1	2	4	9
8	7	9	5	4	6	1	3	2
4	2	5	3	1	8	7	9	6
6	3	1	9	2	7	4	5	8
3	1	7	4	8	2	9	6	5
2	5	4	6	9	3	8	7	1
9	6	8	1	7	5	3	2	4

Page Number 35

6	3	1	2	7	9	8	5	4
7	9	5	4	3	8	6	1	2
4	8	2	6	5	1	7	3	9
3	5	6	1	8	2	4	9	7
1	4	8	7	9	5	2	6	3
2	7	9	3	6	4	1	8	5
8	2	3	9	1	7	5	4	6
9	1	7	5	4	6	3	2	8
5	6	4	8	2	3	9	7	1

7	5	8	1	3	2	4	6	9
3	2	6	8	9	4	1	7	5
4	1	9	5	7	6	3	8	2
5	6	4	2	8	7	9	1	3
9	8	7	3	4	1	5	2	6
2	3	1	9	6	5	7	4	8
6	7	2	4	5	3	8	9	1
1	9	3	7	2	8	6	5	4
8	4	5	6	1	9	2	3	7

Page Number 36

1	5	8	4	3	2	9	7	6
9	4	7	1	8	6	3	2	5
2	6	3	5	7	9	4	8	1
6	3	1	7	9	4	2	5	8
4	8	5	3	2	1	6	9	7
7	9	2	6	5	8	1	4	3
5	1	9	2	6	7	8	3	4
3	2	6	8	4	5	7	1	9
8	7	4	9	1	3	5	6	2

7	6	5	8	3	9	4	2	1
9	8	1	7	4	2	3	6	5
2	3	4	1	6	5	7	8	9
8	5	3	2	7	6	9	1	4
1	7	9	4	8	3	2	5	6
6	4	2	9	5	1	8	7	3
4	1	6	3	2	8	5	9	7
5	2	7	6	9	4	1	3	8
3	9	8	5	1	7	6	4	2

Page Number 37

4	6	8	2	1	3	7	5	9
7	9	1	6	5	8	2	3	4
3	2	5	9	4	7	8	6	1
1	8	2	3	6	4	9	7	5
5	4	7	8	9	2	6	1	3
9	3	6	5	7	1	4	8	2
6	7	9	1	2	5	3	4	8
8	1	4	7	3	9	5	2	6
2	5	3	4	8	6	1	9	7

8	5	9	4	7	1	3	2	6
7	6	3	5	2	8	4	9	1
2	4	1	9	6	3	8	7	5
1	7	8	2	9	4	6	5	3
4	9	5	1	3	6	2	8	7
3	2	6	8	5	7	9	1	4
5	1	2	3	4	9	7	6	8
6	8	4	7	1	2	5	3	9
9	3	7	6	8	5	1	4	2

Page Number 38

8	1	7	3	2	9	4	5	6
3	6	9	5	4	8	7	2	1
4	5	2	1	6	7	3	9	8
2	8	6	7	1	4	9	3	5
9	4	1	2	3	5	8	6	7
5	7	3	8	9	6	2	1	4
1	9	5	4	8	3	6	7	2
6	2	4	9	7	1	5	8	3
7	3	8	6	5	2	1	4	9

9	7	2	4	5	3	8	1	6
3	8	1	9	6	7	2	4	5
6	5	4	8	1	2	9	3	7
1	9	6	5	7	4	3	2	8
4	3	7	6	2	8	1	5	9
8	2	5	1	3	9	6	7	4
2	1	9	7	4	6	5	8	3
5	4	8	3	9	1	7	6	2
7	6	3	2	8	5	4	9	1

Page Number 39

9	1	6	2	8	3	7	4	5
3	2	8	4	5	7	6	9	1
4	5	7	1	6	9	2	3	8
7	4	5	9	1	2	3	8	6
2	3	1	8	7	6	4	5	9
6	8	9	5	3	4	1	2	7
8	9	3	6	4	1	5	7	2
1	7	2	3	9	5	8	6	4
5	6	4	7	2	8	9	1	3

9	4	7	5	2	3	8	1	6
3	6	8	4	7	1	2	9	5
1	5	2	8	6	9	7	4	3
6	1	5	9	3	2	4	8	7
2	3	9	7	8	4	6	5	1
7	8	4	6	1	5	9	3	2
8	2	1	3	9	6	5	7	4
4	9	3	2	5	7	1	6	8
5	7	6	1	4	8	3	2	9

Page Number 40

1	2	9	5	7	3	6	8	4
5	4	7	6	1	8	3	9	2
8	6	3	2	9	4	1	5	7
4	3	1	8	2	9	5	7	6
7	9	5	3	6	1	4	2	8
2	8	6	4	5	7	9	1	3
9	5	2	7	3	6	8	4	1
3	7	8	1	4	5	2	6	9
6	1	4	9	8	2	7	3	5

8	6	7	2	1	9	5	3	4
1	2	3	6	4	5	8	9	7
9	5	4	7	8	3	6	1	2
6	7	9	4	2	8	1	5	3
3	8	1	5	6	7	2	4	9
5	4	2	9	3	1	7	8	6
7	1	5	3	9	6	4	2	8
4	9	6	8	5	2	3	7	1
2	3	8	1	7	4	9	6	5

Page Number 41

8	7	3	9	1	4	5	2	6
4	2	1	3	5	6	8	7	9
9	5	6	2	7	8	3	4	1
6	1	7	4	2	5	9	8	3
5	4	8	6	9	3	2	1	7
3	9	2	1	8	7	6	5	4
7	3	4	5	6	2	1	9	8
1	8	5	7	3	9	4	6	2
2	6	9	8	4	1	7	3	5

1	7	2	6	8	5	3	9	4
8	5	9	3	4	7	6	1	2
3	6	4	2	9	1	7	5	8
4	2	8	7	5	3	9	6	1
7	1	6	9	2	4	5	8	3
5	9	3	8	1	6	2	4	7
6	4	7	1	3	9	8	2	5
2	3	5	4	6	8	1	7	9
9	8	1	5	7	2	4	3	6

Page Number 42

9	7	1	3	5	2	6	4	8
8	3	2	1	6	4	5	9	7
5	6	4	8	9	7	1	3	2
3	9	5	6	4	8	7	2	1
6	1	7	2	3	9	8	5	4
2	4	8	7	1	5	3	6	9
1	2	3	4	8	6	9	7	5
7	5	6	9	2	1	4	8	3
4	8	9	5	7	3	2	1	6

8	2	6	5	4	1	9	3	7
5	7	3	2	9	6	8	4	1
1	9	4	3	8	7	2	6	5
2	6	1	4	3	8	5	7	9
9	4	7	1	2	5	6	8	3
3	8	5	7	6	9	4	1	2
4	1	9	8	5	3	7	2	6
7	5	2	6	1	4	3	9	8
6	3	8	9	7	2	1	5	4

Page Number 43

3	2	4	7	8	5	6	1	9
6	7	1	4	9	2	8	5	3
9	5	8	3	6	1	2	4	7
8	6	5	1	4	9	3	7	2
4	9	7	5	2	3	1	8	6
2	1	3	8	7	6	5	9	4
1	4	6	2	5	7	9	3	8
7	3	9	6	1	8	4	2	5
5	8	2	9	3	4	7	6	1

5	6	9	2	8	4	3	1	7
2	1	7	3	6	5	4	8	9
8	4	3	9	7	1	5	2	6
9	8	4	5	1	7	6	3	2
1	2	5	6	4	3	9	7	8
3	7	6	8	9	2	1	4	5
4	3	8	7	5	6	2	9	1
7	5	2	1	3	9	8	6	4
6	9	1	4	2	8	7	5	3

Page Number 44

9	6	5	4	1	3	7	8	2
7	2	4	9	8	6	1	5	3
3	8	1	7	2	5	4	6	9
8	3	6	2	9	1	5	7	4
4	1	9	3	5	7	8	2	6
2	5	7	6	4	8	9	3	1
5	4	8	1	3	2	6	9	7
1	7	3	8	6	9	2	4	5
6	9	2	5	7	4	3	1	8

2	4	1	8	6	5	9	3	7
8	9	5	7	4	3	6	2	1
6	3	7	2	9	1	4	8	5
3	8	2	6	7	4	1	5	9
1	7	6	5	8	9	3	4	2
4	5	9	3	1	2	8	7	6
7	6	3	9	5	8	2	1	4
9	2	4	1	3	7	5	6	8
5	1	8	4	2	6	7	9	3

Page Number 45

8	7	3	2	5	6	4	1	9
4	5	1	3	9	7	8	6	2
6	9	2	1	8	4	3	7	5
1	6	7	5	4	9	2	8	3
3	8	5	6	1	2	9	4	7
9	2	4	8	7	3	1	5	6
2	4	6	7	3	8	5	9	1
5	3	9	4	6	1	7	2	8
7	1	8	9	2	5	6	3	4

8	4	1	3	6	9	2	7	5
6	7	2	4	1	5	9	8	3
9	5	3	7	2	8	4	6	1
3	6	7	5	4	1	8	9	2
1	9	4	8	3	2	7	5	6
2	8	5	6	9	7	3	1	4
7	1	6	2	8	3	5	4	9
5	2	9	1	7	4	6	3	8
4	3	8	9	5	6	1	2	7

Page Number 46

6	5	3	1	7	8	9	4	2
1	2	9	5	6	4	7	3	8
7	8	4	3	9	2	5	1	6
4	3	5	6	2	1	8	9	7
9	7	2	4	8	5	3	6	1
8	6	1	7	3	9	2	5	4
2	9	6	8	1	3	4	7	5
3	4	7	2	5	6	1	8	9
5	1	8	9	4	7	6	2	3

7	1	5	2	4	6	9	8	3
6	2	9	3	1	8	4	7	5
8	4	3	9	5	7	1	6	2
2	6	7	1	9	5	3	4	8
9	5	4	8	3	2	6	1	7
1	3	8	6	7	4	2	5	9
4	8	2	7	6	9	5	3	1
5	7	1	4	2	3	8	9	6
3	9	6	5	8	1	7	2	4

Page Number 47

1	4	3	7	6	5	2	9	8
5	8	9	2	1	3	7	6	4
2	6	7	9	8	4	5	1	3
4	5	6	1	7	8	3	2	9
7	1	2	4	3	9	8	5	6
9	3	8	5	2	6	4	7	1
8	9	1	3	5	7	6	4	2
3	7	4	6	9	2	1	8	5
6	2	5	8	4	1	9	3	7

4	1	6	3	8	7	9	2	5
2	8	7	1	9	5	3	4	6
3	5	9	4	6	2	1	7	8
9	2	4	5	3	1	6	8	7
7	6	8	2	4	9	5	1	3
5	3	1	6	7	8	4	9	2
6	9	2	8	5	4	7	3	1
1	7	3	9	2	6	8	5	4
8	4	5	7	1	3	2	6	9

Page Number 48

3	1	2	5	7	6	4	8	9
6	8	4	3	2	9	5	7	1
9	7	5	1	4	8	3	6	2
7	9	1	8	5	2	6	3	4
8	2	6	4	3	7	9	1	5
5	4	3	6	9	1	8	2	7
1	3	7	9	6	4	2	5	8
4	6	8	2	1	5	7	9	3
2	5	9	7	8	3	1	4	6

7	8	4	2	5	1	3	9	6
2	5	6	3	8	9	1	4	7
1	3	9	4	7	6	2	8	5
9	1	8	5	2	7	6	3	4
4	7	2	6	1	3	8	5	9
3	6	5	9	4	8	7	1	2
8	2	7	1	9	5	4	6	3
5	4	3	8	6	2	9	7	1
6	9	1	7	3	4	5	2	8

Page Number 49

2	4	7	6	3	9	8	5	1
8	3	6	1	2	5	9	7	4
9	5	1	4	8	7	6	2	3
4	6	8	2	9	3	5	1	7
3	7	9	5	6	1	2	4	8
1	2	5	7	4	8	3	6	9
6	9	4	8	1	2	7	3	5
7	8	2	3	5	4	1	9	6
5	1	3	9	7	6	4	8	2

6	1	9	3	5	4	7	2	8
3	5	4	2	8	7	9	6	1
8	2	7	9	1	6	4	5	3
1	4	6	5	3	9	8	7	2
2	8	5	4	7	1	3	9	6
9	7	3	6	2	8	1	4	5
5	9	1	7	6	3	2	8	4
4	6	8	1	9	2	5	3	7
7	3	2	8	4	5	6	1	9

Page Number 50

1	4	8	6	5	7	3	2	9
7	9	2	4	8	3	6	1	5
3	5	6	2	9	1	4	7	8
5	2	1	8	4	6	9	3	7
9	8	7	1	3	5	2	6	4
4	6	3	7	2	9	5	8	1
2	3	4	5	7	8	1	9	6
6	7	5	9	1	2	8	4	3
8	1	9	3	6	4	7	5	2

2	5	6	7	9	3	4	1	8
1	9	4	5	8	6	3	2	7
3	8	7	1	2	4	6	5	9
6	7	8	9	1	5	2	3	4
9	3	1	2	4	7	5	8	6
5	4	2	6	3	8	7	9	1
4	2	3	8	6	9	1	7	5
8	6	5	3	7	1	9	4	2
7	1	9	4	5	2	8	6	3

Page Number 51

5	9	4	2	6	3	8	7	1
1	7	6	8	5	4	9	3	2
2	8	3	1	7	9	6	5	4
4	6	2	7	3	5	1	8	9
9	3	1	6	4	8	7	2	5
8	5	7	9	1	2	3	4	6
3	4	8	5	9	6	2	1	7
7	2	9	4	8	1	5	6	3
6	1	5	3	2	7	4	9	8

8	5	7	9	4	3	6	1	2
3	2	9	5	1	6	4	8	7
4	6	1	2	8	7	5	3	9
2	1	4	3	7	5	8	9	6
5	7	8	6	9	1	2	4	3
6	9	3	8	2	4	1	7	5
7	8	6	1	5	9	3	2	4
9	3	2	4	6	8	7	5	1
1	4	5	7	3	2	9	6	8

Page Number 52

6	4	8	5	2	3	7	1	9
3	7	9	4	8	1	5	6	2
1	5	2	9	7	6	3	4	8
5	6	7	8	4	2	9	3	1
2	8	4	3	1	9	6	5	7
9	3	1	7	6	5	8	2	4
7	1	6	2	5	8	4	9	3
4	2	3	6	9	7	1	8	5
8	9	5	1	3	4	2	7	6

2	6	5	7	4	9	8	1	3
8	3	7	5	6	1	4	2	9
9	1	4	8	3	2	5	6	7
4	7	1	2	9	5	6	3	8
3	8	6	4	1	7	9	5	2
5	2	9	3	8	6	1	7	4
1	4	2	9	5	3	7	8	6
6	9	3	1	7	8	2	4	5
7	5	8	6	2	4	3	9	1

Page Number 53

4	3	2	7	1	5	8	9	6
7	8	5	9	6	2	1	3	4
1	6	9	3	8	4	5	2	7
5	7	6	1	4	3	2	8	9
9	1	8	6	2	7	3	4	5
3	2	4	5	9	8	7	6	1
8	4	7	2	5	6	9	1	3
2	5	1	4	3	9	6	7	8
6	9	3	8	7	1	4	5	2

3	8	2	5	7	6	4	1	9
4	6	1	3	9	2	7	8	5
9	5	7	8	1	4	3	6	2
2	9	8	4	6	1	5	7	3
6	7	4	2	5	3	1	9	8
5	1	3	7	8	9	2	4	6
8	2	6	1	3	7	9	5	4
7	3	5	9	4	8	6	2	1
1	4	9	6	2	5	8	3	7

Page Number 54

4	3	1	5	8	2	9	7	6
2	8	7	6	3	9	4	5	1
5	9	6	7	4	1	8	3	2
8	6	3	1	9	5	2	4	7
9	7	5	3	2	4	6	1	8
1	4	2	8	6	7	3	9	5
7	2	9	4	1	6	5	8	3
6	1	8	9	5	3	7	2	4
3	5	4	2	7	8	1	6	9

9	8	2	4	3	6	5	7	1
6	7	1	8	5	9	3	4	2
3	4	5	1	7	2	9	8	6
8	2	7	9	4	1	6	3	5
1	6	3	5	2	7	4	9	8
5	9	4	3	6	8	1	2	7
4	3	8	7	1	5	2	6	9
7	1	6	2	9	3	8	5	4
2	5	9	6	8	4	7	1	3

Page Number 55

3	8	5	4	7	9	1	6	2
6	2	4	3	5	1	9	8	7
7	9	1	6	8	2	4	3	5
5	4	6	1	2	3	7	9	8
8	7	2	5	9	4	3	1	6
9	1	3	8	6	7	5	2	4
2	5	9	7	1	6	8	4	3
4	6	8	9	3	5	2	7	1
1	3	7	2	4	8	6	5	9

8	4	2	9	6	7	1	5	3
7	5	9	4	3	1	2	8	6
6	1	3	8	5	2	4	7	9
9	3	6	7	2	5	8	4	1
4	2	7	1	8	9	3	6	5
5	8	1	6	4	3	7	9	2
1	9	4	3	7	6	5	2	8
2	6	8	5	1	4	9	3	7
3	7	5	2	9	8	6	1	4

Page Number 56

8	7	3	1	2	4	9	5	6
5	9	1	6	7	3	4	2	8
6	4	2	9	5	8	3	7	1
1	3	8	5	4	7	2	6	9
4	6	5	2	8	9	7	1	3
9	2	7	3	1	6	5	8	4
2	5	4	8	9	1	6	3	7
7	1	6	4	3	5	8	9	2
3	8	9	7	6	2	1	4	5

6	5	3	7	9	4	8	2	1
8	7	4	2	6	1	3	9	5
2	9	1	8	5	3	4	6	7
4	2	8	5	3	9	7	1	6
7	1	9	4	8	6	2	5	3
5	3	6	1	2	7	9	8	4
3	8	2	6	7	5	1	4	9
9	4	5	3	1	8	6	7	2
1	6	7	9	4	2	5	3	8

Page Number 57

8	4	6	7	3	2	5	1	9
7	2	5	4	9	1	3	6	8
1	3	9	8	5	6	7	4	2
4	9	8	6	1	5	2	7	3
3	5	7	9	2	4	6	8	1
2	6	1	3	7	8	9	5	4
9	1	3	5	4	7	8	2	6
6	7	2	1	8	9	4	3	5
5	8	4	2	6	3	1	9	7

2	6	9	3	1	7	4	5	8
5	8	3	2	4	6	7	9	1
7	1	4	8	9	5	2	6	3
1	3	6	7	5	4	8	2	9
4	9	2	1	3	8	6	7	5
8	5	7	9	6	2	1	3	4
9	2	5	4	7	1	3	8	6
6	4	8	5	2	3	9	1	7
3	7	1	6	8	9	5	4	2

Page Number 58

3	9	4	6	1	5	7	2	8
7	5	2	3	8	4	1	6	9
8	6	1	7	9	2	5	3	4
4	8	6	5	7	9	2	1	3
2	3	7	1	4	8	9	5	6
9	1	5	2	3	6	8	4	7
5	4	8	9	2	3	6	7	1
6	7	9	4	5	1	3	8	2
1	2	3	8	6	7	4	9	5

4	6	3	5	2	9	7	1	8
1	9	5	6	8	7	4	3	2
2	8	7	4	1	3	9	5	6
7	4	2	8	9	1	3	6	5
8	3	9	2	6	5	1	7	4
5	1	6	3	7	4	2	8	9
9	2	1	7	5	8	6	4	3
6	5	4	1	3	2	8	9	7
3	7	8	9	4	6	5	2	1

Page Number 59

8	2	6	9	7	3	4	5	1
4	9	7	2	1	5	6	8	3
5	1	3	6	8	4	7	2	9
1	6	5	4	9	2	8	3	7
3	4	9	7	6	8	5	1	2
7	8	2	3	5	1	9	6	4
9	3	8	5	2	7	1	4	6
2	7	1	8	4	6	3	9	5
6	5	4	1	3	9	2	7	8

3	4	6	1	8	2	7	9	5
8	7	1	9	3	5	4	2	6
5	9	2	7	6	4	3	8	1
7	8	5	4	9	6	2	1	3
1	3	4	2	5	7	9	6	8
2	6	9	8	1	3	5	4	7
6	2	3	5	4	8	1	7	9
9	5	7	6	2	1	8	3	4
4	1	8	3	7	9	6	5	2

Page Number 60

5	9	6	8	7	1	4	3	2
4	8	1	3	2	9	6	7	5
7	3	2	4	5	6	1	8	9
1	6	9	5	3	7	2	4	8
3	4	8	6	9	2	5	1	7
2	7	5	1	8	4	3	9	6
6	5	7	9	1	3	8	2	4
9	1	4	2	6	8	7	5	3
8	2	3	7	4	5	9	6	1

6	2	8	7	3	9	1	4	5
9	3	5	8	1	4	6	7	2
4	1	7	6	5	2	9	3	8
8	9	1	5	4	3	7	2	6
7	4	2	9	8	6	5	1	3
5	6	3	2	7	1	4	8	9
3	7	6	4	2	5	8	9	1
1	8	9	3	6	7	2	5	4
2	5	4	1	9	8	3	6	7

Page Number 61

6	8	5	2	7	1	3	9	4
3	9	4	8	6	5	1	2	7
1	2	7	9	3	4	8	5	6
7	4	1	3	5	9	2	6	8
8	5	2	4	1	6	9	7	3
9	6	3	7	8	2	5	4	1
4	7	9	1	2	8	6	3	5
2	1	6	5	4	3	7	8	9
5	3	8	6	9	7	4	1	2

4	8	3	7	6	5	2	1	9
9	6	5	2	1	3	4	8	7
2	1	7	9	4	8	5	3	6
6	5	4	1	8	2	9	7	3
3	2	8	4	7	9	1	6	5
1	7	9	3	5	6	8	2	4
8	9	1	6	3	4	7	5	2
7	4	6	5	2	1	3	9	8
5	3	2	8	9	7	6	4	1

Page Number 62

6	9	3	2	5	4	8	1	7
4	2	1	3	7	8	5	6	9
5	8	7	1	9	6	3	2	4
9	7	5	8	6	1	2	4	3
3	1	8	4	2	7	6	9	5
2	6	4	5	3	9	1	7	8
1	4	6	9	8	5	7	3	2
8	3	9	7	1	2	4	5	6
7	5	2	6	4	3	9	8	1

8	7	9	4	5	1	6	2	3
2	3	4	6	9	7	1	5	8
6	1	5	2	8	3	7	9	4
1	2	8	7	4	5	3	6	9
5	9	3	1	6	8	4	7	2
4	6	7	9	3	2	8	1	5
3	8	2	5	7	6	9	4	1
7	4	1	8	2	9	5	3	6
9	5	6	3	1	4	2	8	7

Page Number 63

7	3	9	5	8	2	6	1	4
5	2	6	1	3	4	9	8	7
8	4	1	9	6	7	5	3	2
2	5	7	3	4	6	8	9	1
9	6	4	7	1	8	3	2	5
3	1	8	2	5	9	7	4	6
4	8	2	6	7	3	1	5	9
1	7	3	4	9	5	2	6	8
6	9	5	8	2	1	4	7	3

7	1	4	2	5	3	6	8	9
8	2	5	6	7	9	4	1	3
6	9	3	8	1	4	5	2	7
5	8	1	9	3	2	7	6	4
4	3	7	5	8	6	1	9	2
9	6	2	1	4	7	3	5	8
2	7	8	4	6	1	9	3	5
3	5	6	7	9	8	2	4	1
1	4	9	3	2	5	8	7	6

Page Number 64

8	4	5	7	6	3	2	1	9
6	7	2	9	1	4	8	3	5
1	3	9	8	5	2	4	6	7
7	1	6	2	3	8	5	9	4
2	8	4	5	9	6	3	7	1
5	9	3	1	4	7	6	2	8
3	6	8	4	7	9	1	5	2
9	2	1	3	8	5	7	4	6
4	5	7	6	2	1	9	8	3

8	5	2	1	3	7	9	4	6
9	7	6	5	2	4	3	8	1
4	1	3	6	9	8	7	2	5
7	3	5	2	4	6	1	9	8
1	6	9	8	5	3	4	7	2
2	8	4	9	7	1	5	6	3
3	9	1	7	8	2	6	5	4
5	4	8	3	6	9	2	1	7
6	2	7	4	1	5	8	3	9

Page Number 65

6	4	9	7	5	8	1	3	2
3	7	5	9	1	2	6	4	8
8	1	2	4	3	6	5	9	7
4	8	1	6	9	5	2	7	3
5	6	3	2	8	7	4	1	9
2	9	7	1	4	3	8	5	6
9	5	8	3	2	4	7	6	1
7	3	4	8	6	1	9	2	5
1	2	6	5	7	9	3	8	4

7	2	8	3	1	5	6	9	4
6	9	3	2	4	7	5	8	1
4	1	5	8	9	6	2	7	3
5	3	7	6	8	9	1	4	2
9	4	1	5	3	2	7	6	8
2	8	6	1	7	4	3	5	9
3	7	9	4	5	1	8	2	6
8	5	2	9	6	3	4	1	7
1	6	4	7	2	8	9	3	5

Page Number 66

8	3	6	4	7	1	9	5	2
2	4	9	8	5	6	3	1	7
7	1	5	2	9	3	4	6	8
9	8	2	3	4	5	6	7	1
3	5	7	1	6	2	8	4	9
1	6	4	7	8	9	2	3	5
5	2	8	6	3	7	1	9	4
6	7	1	9	2	4	5	8	3
4	9	3	5	1	8	7	2	6

7	9	6	8	2	1	5	4	3
3	2	4	7	5	9	1	8	6
5	8	1	6	4	3	9	2	7
8	4	2	3	1	6	7	5	9
6	1	5	2	9	7	4	3	8
9	7	3	5	8	4	6	1	2
1	3	8	9	6	5	2	7	4
4	6	7	1	3	2	8	9	5
2	5	9	4	7	8	3	6	1

Page Number 67

4	9	5	6	1	7	8	3	2
2	3	7	9	5	8	4	1	6
8	6	1	3	2	4	5	9	7
1	7	6	4	8	3	2	5	9
9	5	4	2	7	6	1	8	3
3	2	8	1	9	5	6	7	4
5	8	9	7	4	2	3	6	1
7	4	3	8	6	1	9	2	5
6	1	2	5	3	9	7	4	8

7	3	1	8	2	6	9	4	5
4	8	5	7	9	3	1	6	2
6	2	9	4	5	1	8	7	3
5	9	4	3	1	2	6	8	7
3	1	7	6	8	5	2	9	4
2	6	8	9	4	7	5	3	1
8	5	6	1	3	4	7	2	9
1	7	3	2	6	9	4	5	8
9	4	2	5	7	8	3	1	6

Page Number 68

8	9	4	7	2	3	6	5	1
3	5	6	8	9	1	4	7	2
7	1	2	4	5	6	8	9	3
5	8	3	2	6	7	9	1	4
4	2	1	5	8	9	7	3	6
6	7	9	1	3	4	2	8	5
2	4	7	9	1	5	3	6	8
1	6	8	3	7	2	5	4	9
9	3	5	6	4	8	1	2	7

4	5	7	3	1	2	6	9	8
1	6	8	5	4	9	3	7	2
2	9	3	6	7	8	4	5	1
3	7	4	8	2	6	9	1	5
8	1	9	4	3	5	2	6	7
5	2	6	1	9	7	8	3	4
9	8	2	7	5	3	1	4	6
7	3	1	2	6	4	5	8	9
6	4	5	9	8	1	7	2	3

Page Number 69

3	5	7	4	2	6	8	1	9
9	2	6	5	1	8	4	3	7
1	8	4	3	9	7	6	5	2
6	1	5	9	8	3	2	7	4
4	9	2	7	6	1	3	8	5
8	7	3	2	4	5	1	9	6
7	4	9	1	3	2	5	6	8
2	6	1	8	5	9	7	4	3
5	3	8	6	7	4	9	2	1

5	2	9	1	6	8	3	7	4
1	8	4	3	7	5	6	9	2
7	3	6	4	9	2	5	8	1
9	5	8	6	4	7	2	1	3
6	1	2	9	8	3	4	5	7
3	4	7	5	2	1	8	6	9
4	6	5	7	3	9	1	2	8
8	7	1	2	5	4	9	3	6
2	9	3	8	1	6	7	4	5

Page Number 70

3	2	7	5	9	8	6	4	1
6	1	8	4	2	3	7	9	5
9	5	4	1	7	6	2	3	8
2	7	5	6	3	4	1	8	9
8	4	3	7	1	9	5	6	2
1	9	6	8	5	2	4	7	3
5	6	1	9	8	7	3	2	4
4	3	9	2	6	5	8	1	7
7	8	2	3	4	1	9	5	6

2	8	7	1	6	3	4	5	9
6	9	5	7	8	4	2	1	3
3	4	1	9	2	5	6	7	8
8	3	4	5	9	6	1	2	7
1	5	2	4	7	8	3	9	6
9	7	6	3	1	2	8	4	5
5	1	8	2	3	7	9	6	4
4	6	9	8	5	1	7	3	2
7	2	3	6	4	9	5	8	1

Page Number 71

5	8	7	2	3	6	9	1	4
6	2	4	9	5	1	3	8	7
9	1	3	8	4	7	2	6	5
1	6	5	4	9	3	7	2	8
8	3	2	1	7	5	6	4	9
7	4	9	6	2	8	5	3	1
2	7	1	3	8	9	4	5	6
4	9	6	5	1	2	8	7	3
3	5	8	7	6	4	1	9	2

6	3	7	4	9	2	1	8	5
4	1	8	3	5	7	2	6	9
5	9	2	1	6	8	4	7	3
1	7	5	6	4	3	9	2	8
8	2	6	9	7	1	3	5	4
3	4	9	2	8	5	7	1	6
7	6	4	5	1	9	8	3	2
2	5	1	8	3	4	6	9	7
9	8	3	7	2	6	5	4	1

Page Number 72

4	7	3	5	8	2	6	1	9
9	5	2	4	1	6	7	3	8
8	1	6	7	9	3	4	5	2
6	3	7	2	4	9	1	8	5
1	2	4	3	5	8	9	7	6
5	8	9	1	6	7	3	2	4
2	9	1	8	7	4	5	6	3
3	4	5	6	2	1	8	9	7
7	6	8	9	3	5	2	4	1

9	4	1	7	2	3	8	6	5
7	3	6	5	1	8	2	9	4
8	5	2	6	9	4	3	1	7
6	8	5	4	7	1	9	2	3
1	2	3	9	5	6	4	7	8
4	7	9	3	8	2	6	5	1
3	1	4	2	6	7	5	8	9
2	9	8	1	4	5	7	3	6
5	6	7	8	3	9	1	4	2

Page Number 73

4	7	6	3	9	1	5	2	8
2	9	1	5	7	8	3	4	6
3	5	8	4	2	6	1	9	7
8	1	5	2	4	9	7	6	3
7	2	3	8	6	5	9	1	4
6	4	9	1	3	7	8	5	2
9	8	7	6	1	2	4	3	5
1	6	4	7	5	3	2	8	9
5	3	2	9	8	4	6	7	1

2	8	5	6	4	9	1	3	7
1	3	7	8	5	2	4	6	9
6	4	9	7	1	3	8	2	5
9	6	4	2	3	5	7	1	8
5	1	8	4	7	6	2	9	3
7	2	3	9	8	1	5	4	6
8	9	6	1	2	7	3	5	4
3	7	1	5	6	4	9	8	2
4	5	2	3	9	8	6	7	1

Page Number 74

4	6	5	1	7	9	3	8	2
9	3	1	5	2	8	7	4	6
2	7	8	3	4	6	1	9	5
5	4	2	8	1	7	9	6	3
6	8	7	9	3	4	2	5	1
3	1	9	6	5	2	4	7	8
1	5	4	7	8	3	6	2	9
8	2	6	4	9	1	5	3	7
7	9	3	2	6	5	8	1	4

6	9	1	2	4	8	3	7	5
3	7	5	6	9	1	4	2	8
8	4	2	7	5	3	9	6	1
5	3	9	8	1	7	6	4	2
1	8	4	9	2	6	7	5	3
2	6	7	4	3	5	1	8	9
4	1	8	3	7	2	5	9	6
9	5	6	1	8	4	2	3	7
7	2	3	5	6	9	8	1	4

Page Number 75

5	1	6	3	8	7	9	4	2
2	8	4	6	9	5	7	1	3
9	3	7	2	1	4	5	8	6
8	6	9	7	4	2	1	3	5
4	7	3	5	6	1	2	9	8
1	2	5	9	3	8	4	6	7
6	9	2	1	5	3	8	7	4
7	4	1	8	2	6	3	5	9
3	5	8	4	7	9	6	2	1

4	6	8	3	2	5	7	9	1
1	2	5	4	9	7	8	3	6
3	9	7	8	6	1	5	2	4
6	8	3	5	1	9	4	7	2
7	1	2	6	3	4	9	8	5
9	5	4	2	7	8	1	6	3
8	4	6	7	5	2	3	1	9
5	3	9	1	8	6	2	4	7
2	7	1	9	4	3	6	5	8